Ingo Andreä

Energiegewinnung aus dem Meer. Das Potential der Wasserkraftwerke

Bibliografische Information der Deutschen Nationalbibliothek:

Die Deutsche Bibliothek verzeichnet diese Publikation in der Deutschen National-
bibliografie; detaillierte bibliografische Daten sind im Internet über http://dnb.d-
nb.de/ abrufbar.

Impressum:

Copyright © 2006 GRIN Verlag GmbH
Druck und Bindung: Books on Demand GmbH, Norderstedt Germany
ISBN: 978-3-640-41068-2

Dieses Buch bei GRIN:

http://www.grin.com/de/e-book/132313/energiegewinnung-aus-dem-meer-das-
potential-der-wasserkraftwerke

Universität Hamburg
Institut für Geographie
Oberseminar:
West- und Südeuropa – Aktuelle Entwicklungen und Projekte
Leitung: Prof. Dr. Nagel
Sommersemester 2006

Energiegewinnung aus dem Meer – Wasserkraftwerke

Ingo Andreä
abgegeben am 13.04.2006

Gliederung

1 Einleitung - Die Wasserkraft als unerschöpfliche Energiequelle

Die Diskussion um die Energieversorgung der Zukunft, ist seit dem Preisanstieg bei den PKW- Kraftstoffen und Heizöl in der breiten Öffentlichkeit ein aktuelles Thema. Jeden Tag erreichen uns aus dem Medien neue Artikel zum Thema Energie, so dass die Gesellschaft seit kurzem mit dem Umgang von endlichen Rohstoffen, durch den starken Preisanstieg, sensibler geworden ist.

Auf der Suche nach Möglichkeiten aus der Energiekrise ist der Mensch auf kreative Ideen zur Gewinnung von Energie angewiesen. Die größten Potenziale zur Krafterzeugung sind in Form von natürlichen und unendlichen Ressourcen in Wind, Sonne, Boden und Wasser vorhanden. Seit Jahrhunderten wird die mechanische Energie des Wassers in Mühlen oder Hammerwerke genutzt. Mit der Zunahme am Strombedarf im 20. Jahrhundert gibt es Anlagen zur Stromgewinnung aus Wasserkraft. Insbesondere an Flüssen wurden Anlagen zur Stromerzeugung gebaut. In Deutschland wurde die erste Versuchsanlage zur Erzeugung von erneuerbarer Energie 1913 errichtet.

In Kuba hat man schon 1929 die erste OTEC (Ocean Thermal Electric Conversion) – Anlage realisiert. Man nutzt die Temperaturdifferenz zwischen Wasseroberfläche und Tiefengewässer des Meeres aus. Auf die jeweiligen grundsätzlichen Funktionsweisen zur Gewinnung von Energie aus dem Meer und auf die die bisherigen Möglichkeiten zur Stromerzeugung werden in den folgenden Abschnitten weiter eingegangen.

Die Wasserkraft war und ist für den Menschen einer der faszinierendsten und unerschöpflichen Energielieferanten der Erde. Zumal mehr als 70 % der Erde mit Wasser bedeckt sind und es damit ein sehr nahe liegendes Element ist, das sich die Menschheit zunutze macht.

So kommt es, dass die Wasserkraft derzeit eine der intensivsten Formen für die Stromnutzung geworden ist[1]. Weltweit beträgt die Wasserkraft 18 % an der Stromversorgung, in Deutschland sind es dagegen nur 4 %[2]. In 20 Ländern beträgt der Anteil an Wasserkraft an der Energieversorgung über 90 %, dies sind Länder wie z.B. Norwegen oder Paraguay. Die intensive Nutzung der Wasserkraft ist aufgrund der topographischen sowie klimatischen Bedingungen sehr unterschiedlich verteilt. Die lokalen Gegebenheiten bieten auch für die Meeresenergiegewinnung nur beschränkte Einsatzmöglichkeiten innerhalb der jeweiligen Länder. Die Meeresenergie kann auch außerhalb der Drei – Meilen -Zone gewonnen werden und ist somit nicht mehr an Landesgrenzen gebunden.

---

1 Dena [Deutsche Energie Agentur GmbH] (2006).Die Deutsche Wasserkraftindustrie. Verfügbar im Internet unter: http://www.renewables-made-in-germany.com/index.cfm?cid=1525 (Stand 09.03.06)
2 Bine Informationsdienst, Fachinformationszentrum Karlsruhe (2004). Wasserkraft.

Die Energiegewinnung aus dem Meer dient der Verwirklichung ökologischer und auch ökonomischer Ziele. Sie dient dem Schutz und der Erforschung der Meere, einem besseren Verständnis unsere Umwelt, einer Unabhängigkeit von fossilen Energieträgern und damit auch ein Schutz gegen geopolitische Interessenkonflikte. Es sollte also im Interesse aller beteiligten Länder liegen, das Thema Meeresenergie weiter zu entwickeln und zu erforschen.

Diese Arbeit beschäftigt sich im primär mit den Möglichkeiten und schon realisierten Kraftwerken bzw. die mit denen die sich in einem Projektstadion befinden.

Diese Arbeit spannt einen Bogen von der Vergangenheit über die Gegenwart hinüber zu Zukunftsvisionen der Gewinnung aus der Bewegungskraft der Ozeane und Meere.

Den Anfang macht eine kurze Einführung der Möglichkeiten zur Wasserkraftgewinnung. Der darauf folgendem Abschnitt beschäftigt sich dann mit den Nutzungsmöglichkeiten der Kraftgewinnung aus dem Meer.

2 Wasserkraft an Land und Meer

Konventionelle Kraftwerke produzieren ihren Strom an Flussläufen oder an Gebirgshängen. Dieses geschieht durch große Durchlaufmengen zum Beispiel in Flüssen (Laufwasserkraftwerke) oder durch Höhenunterschiede in Gebirgsgebieten (Pump-Speicherkraftwerke). Diese Kraftwerkstypen sind eine lohnende Investition, haben aber neben den ökonomischen Vorteilen auch einige ökologische Nachteile.

Ein gutes Beispiel ist der derzeit im Bau befindliche Drei- Schluchten- Staudamm am Changjiang (Yangzi) in China, welcher ab 2009 eine Leistung von 18.200 MW[3] erbringen soll. Genau genommen ist dieser Damm kein Damm, sondern eine Talsperre. Damit wird ein kleiner Teil des riesigen Energiebedarfs der Republik China gedeckt. Die Wartungsfreiheit einer Talsperre und der langlebige Einsatz sind entscheidende Vorteile. Auch die Abkoppelung von konventionellen Kraftwerken (Atom, Kohle, etc.) um die Einhaltung von Umweltstandards zu erreichen sind entscheidende Faktoren für den Weltmarkt sich dort Waren zu ordern. Der sensiblere westliche Konsument will ökologische Standards gesetzt sehen, um mit guten Gewissen Dienstleistungen und Güter zu ordern. Die Nachteile einer Sperre sollen aber nicht verschwiegen werden. Denn es sollen bei einem normalen

---

[3] Gutowski, Achim (2000) Der Drei-Schluchten-Staudamm in der VR China – Hintergründe, Kosten-Nutzen-Analyse und Durchführbarkeitsstudie eines grossen Projektes unter Berücksichtigung der Entwicklungs-zusammenarbeit. In IWIM - Materialien des Universitätsschwerpunktes "Internationale Wirtschaftsbeziehung und Internationales Management, Bremen. Bd. 19

Wasserstand des Staussees 23.793 Hektar Land überflutet werden. Damit wird die heimische Flora und Fauna komplett vernichtet[4]. Welche wirtschaftlichen Folgen und Umweltkatastrophen durch diese Sperre, hervorgerufen werden ist derzeit noch nicht abzusehen.

Die Vorteile von Kraftwerken am Land sind die hohe Zuverlässigkeit, geringe Betriebskosten und eine hohe Lebensdauer. Die ökologischen Folgen für Flussläufe und der Infrastrukturveränderung (Umsiedlung von Mensch und Tier) beim Aufstauen des Stausees können die Umweltbilanz stark beeinträchtigen.

Die Potenziale der Wasserkraft an Land werden heute weitestgehend ausgeschöpft. Neue Standorte lassen sich nicht mehr ergiebig nutzen und sind damit unrentable und unwirksam. So sieht die Lage auf den europäischen Kontinent aus, Global könnten noch einige wenige Projekte realisiert werden.

Die Energiegewinnung aus dem Meer ist dagegen weitestgehend ungenutzt. Das Energiereservoir der Meere stellt eine unerschöpfliche Quelle der Energieversorgung dar[5]. Es gibt eine Vielzahl an detaillierten Konzepten für diese Form der Energiegewinnung. Dennoch werden sie in der Praxis bisher nur im geringen Umfang umgesetzt. Die Möglichkeiten, um aus Bewegung Energie zu erzeugen, beschränken sich auf mechanische Energie (Wellen, Gezeiten und Strömungen), thermische Energie, und osmotische Energie (Gewinnung von Energie aus den unterschiedlichen Salzgehalten).

Einige wenige Projekte verwenden schon seit Jahrzehnten die Möglichkeit die Bewegungsenergie der Meere zu nutzen. Praktische Umsetzungen finden wir zum Beispiel in Frankreich oder England, wo Gezeiten- oder Strömungskraftwerke teilweise schon seit Jahrzehnten im laufenden Betrieb sind beziehungsweise waren.

Im weiteren Verlauf soll zunächst die Frage nach den Möglichkeiten zur Energiegewinnung aus dem Meer geklärt werden um einen Einblick in die Thematik zu erhalten. Die Realisierung solcher Systeme und deren Potenziale sollen dabei näher erläutert werden. Darüber hinaus wird ein kurzer historischer Abriss gegeben, soweit dieser möglich ist, denn die Gewinnung von Energie aus dem Meer eine relativ neue Technologie, obwohl die Nutzung von Gezeiten eine alte Tradition hat.

---

[4] Geo Magazin 06/2003 (2003): China: Die Zähmung des "Langen Flusses".
[5] World Energy Council (2001): Survey of Energy Resources 2001 –Tidal Energy. London 2001.
  Verfügbar im Internet unter: http://www.worldenergy.org/wec-geis/publications/reports/ser/wave/wave.asp

3 Wasserkraftwerke – Nutzung der Meeresenergie

Das Meer ermöglicht durch die vielfältigen Wasserbewegungen eine kleine Anzahl an Kraftwerkstypen. Die Wasserkraft lässt sich im Gegensatz zur Windenergie oder Sonnenenergie mannigfaltiger ausnutzen. Durch die drei Energieformen (mechanische, thermische und osmotische Energie) können derzeit fünf grundsätzlich verschiedene Kraftwerkstypen erstellt werden.

Für jede dieser fünf Kraftwerksformen wird im folgendem die grundsätzliche Funktionsweise erläutert.

3.1 Gezeitenkraftwerke

Das Gezeitenkraftwerk nutzt die Bewegungsenergie, die von Flut und Ebbe bereitgestellt wird. Die Kraftwerke werden in einer Flussmündung oder einer Bucht errichtet. Eine Staumauer trennt das offene Meer von der Mündung ab. In der Staumauer befindet sich pro Röhre eine Turbine, die durch die Gezeitenenergie angetrieben wird. Bei Flut strömt das Meerwasser in die Bucht und bei Ebbe fließt es wieder zurück, so kann der Rotor im Damm angetrieben werden[6]. (siehe Abb. 1)

Dieser Anlagentyp nutzt die Fließrichtungen optimal aus, der Nachteil dabei ist allerdings, dass diese enormen Tidenhöhen nur begrenzt auf der Erde zur Verfügung stehen.

Bei maximalen und minimalen Wasserstand steht dieser Typ von Anlage still. Dieses Kraftwerk erzeugt also nur einen schwankenden Beitrag zur Stromerzeugung. Zusätzlich zu den kurzfristigen Schwankungen kommt eine rhythmische, langfristige

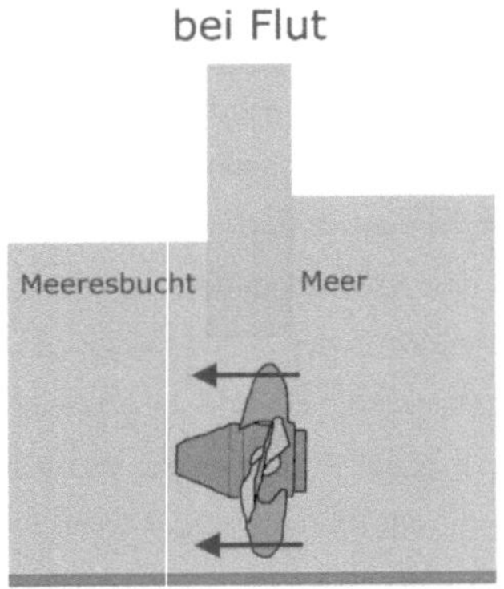

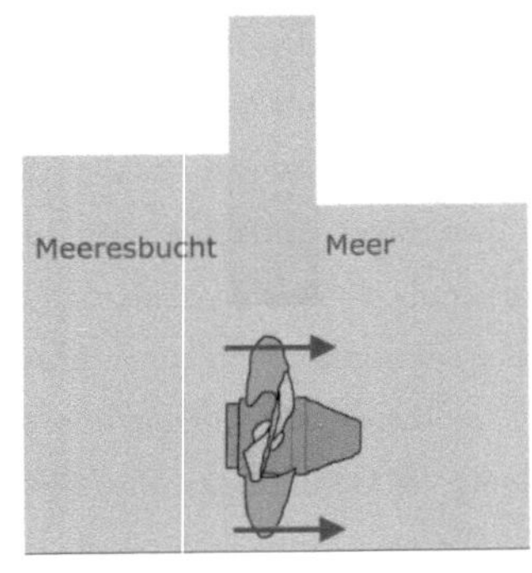

Abbildung 1:
Quelle:
http://de.wikipedia.org/wiki/Bild:Gezeitenkraftwerk.png

---

[6] U.S. Department of Energy: Ocean Tidal Power
http://www.eere.energy.gov/consumer/renewable_energy/ocean/index.cfm/mytopic=50008

Veränderung. Hervorgerufen wird diese durch die Mondphasen (Spring- und Nipptiden). Die Wetterbedingungen (Niederschläge, Wind, Sturmfluten etc) spielen bei der Aufrechterhaltung des Betriebes einer solchen Anlage eher eine untergeordnete Rolle[7].

3.1.1 Historischer Überblick - Traditionelle Nutzung von Gezeitenmühlen

Diese Technologie, Ausnutzung der Gezeitenströmung, existiert schon seit über 1000 Jahren. Die so genannten Gezeitenmühlen, die Wasser- bzw. Windmühlen, die dem Prinzip nach ähnlich der Gezeitenmühlen funktionierten wurden mit dem Beginn der Industrialisierung aufgegeben und durch die Dampfmaschinen ersetzt. Das Bedauerliche dabei ist, dass dieses Know-how weitestgehend in Vergessenheit geriet. Die Erfahrungen, die man für die erneuerbaren Energien benötigt, um Meerwasserkraftwerke zu installieren und zu betreiben, muss man sich mühevoll wieder erarbeiten.

Die Gezeitenmühlen wurden an einen Kanal oder einen extra errichteten Beckensystem angeschlossen, dass zu bestimmten Zeiten mit der aufgestauten Gezeitenenergie als Kraftquelle der Mühle diente. Das an der Mühle vorbeiströmende Wasser, mahlte damit dann das Mehl. Das besondere an den Gezeitenmühlen ist, dass diese Mühlen vor der Erfindung der Dampfmaschine praktisch an 365 Tagen im Jahr garantieren konnten, das sie mahlen. Im 11. Jahrhundert wurden an der englischen Küste mehr als 5000 kleine Mühlen mit der Kraft der Gezeiten betrieben[8].

An Anfang des 18. Jahrhunderts wurden sogar am Ärmelkanal Gezeitenmühlen des Zimmermeisters Perse betrieben, die sowohl auf die Verwertung des Ebbe- als auch des Flutstroms eingerichtet waren. Im Sommer werden zur Demonstrationszwecken in Form eines Museums einige funktionstüchtige *Tide Mill*[9] in Südost England in Betrieb genommen. Da wären in Dorset die Sturminster Newton Mill zu benennen und in Eling in der Nähe von Southampton eine weitere Tide Mill. Die Mühlen wurden natürlich nicht nur zum Mahlen von Getreide oder Gewürzen genutzt, sondern auch als Antrieb für Hammer- und Sägewerke, in der Papier- und Stoffindustrie eingesetzt.[10]

---

[7] Lübbert, Daniel (2005): Das Meer als Energiequelle – Wellenkraftwerke, Osmose-Kraftwerke und weitere Perspektiven der Energiegewinnung aus dem Meer. Wissenschaftlicher Dienst des Deutschen Bundestages. Berlin 2005.

[8] Marum - Zentrum für Marine Umweltwissenschaften der Universität Bremen.

[9] Smith, Diana (1989): The Tide Mill at Eling – History of a working mill. Southampton 1989.

[10] Graw, K.-U.(2001): Tideenergie; 2001; Hansa - International Maritime Journal, August 2001. S. 76f.

<u>3.1.2 La Rance – Das Tidenkraftwerk in Frankreich</u>

Seit Mitte des letzten Jahrhunderts wird wieder intensiver über die Erzeugung von Strom aus dem Meer nachgedacht. Wenn man sich zunächst einmal über Gezeitenkraftwerke sich informiert, fällt einem das überwältigende Kraftwerk an der Mündung der Rance auf. Bei Staint- Malo an der französischen Atlantikküste wurde 1966 das einzige Strömungskraftwerk neuere Bauart in Betrieb genommen. Der hohe Tidenhub (12- 18 Meter), der an der Atlantikküste vorhanden ist, begünstigt die außergewöhnliche Lage. In dem Mündungstrichter wurde ein 750 Meter langer Damm eingerichtet und teilt damit einen 22 km^2 großes Staubecken vom Meer ab.

Abbildung 2: La Rance Kraftwerk

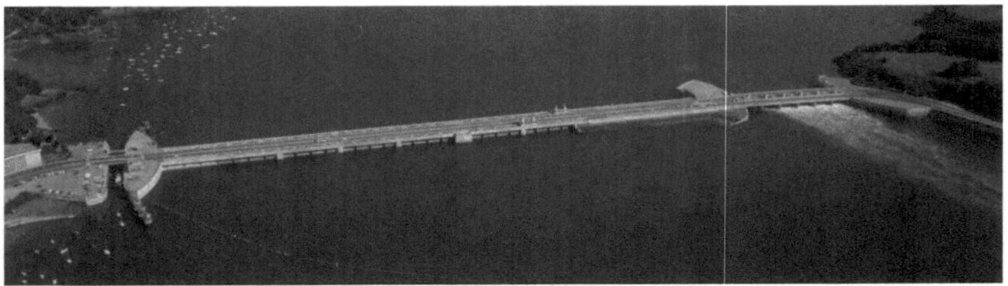

Quelle: http://iabserv.biologie.uni-mainz.de/iab/Institut/Lehre/exkursion/00/
Gezeitenkraftwerk/bilder/gezeitenkraftwerk2.jpg

Das Gezeitenkraftwerk besitzt insgesamt 24 Kaplan Turbinen mit einem Durchfluss von je 275 m³/s und je einem Generator à 10 MW Leistung[11]. Die jährliche Ausbeute aus diesem Kraftwerk liegt bei etwa 500- 600 Millionen Kilowattstunden, das entspricht in etwa 3% des Strombedarfs der Bretagne. Diese Schwankungen kommen zu Stande, weil einige Einflussfaktoren die Anlage stören und damit außer Betrieb nehmen. Das Gezeitenkraftwerk in Saint Malo funktioniert gleichzeitig als Pumpspeicherkraftwerk und hat damit eine größere Energieausbeute. Eine genaue Zahl, welche die reine Meeresenergiekraft darstellt wird nicht veröffentlicht. Die Kosten für die Stromerzeugung pro Kilowatt belaufen sich auf etwa 10- 13 Cent Euro, bei einer anfänglichen Investitionskostensituation von 2000 Euro pro Kilowatt installierter Leistung[12].

---

[11] Graw, K.-U.(2001): Nutzung der Tidenenergie – Eine kurze Einführung. Wasserbau · Wasserwirtschaft: Materialien No. 2, Professur Grundbau und Wasserbau, Universität Leipzig. 2001.
[12] Vgl, Lübbert, Daniel (2005): Das Meer als Energiequelle. S. 6

Diese Zahlen beeindrucken durch ihre Größe, aber sie sollen nicht darüber hinwegtäuschen, dass es auch eine Vielzahl an Nachteilen gibt. Das Gezeitenkraftwerk in Saint Malo gehört zu den umstrittensten Werken in Europa. Das liegt an den Umweltbeeinträchtigungen und Schäden die durch das Gezeitenkraftwerk / Pumpspeicherkraftwerk entstehen.[13] Der Bau einer solchen Anlage verändert, wie jeder andere Staudamm, die natürliche Umgebung. Das bedeutet bei solchen riesigen Dimensionen auch eine starke Einflussnahme in den Naturhaushalt.

Die Schädigung der Flora und Fauna durch die Veränderung der Flussläufe sind kaum zu bemessen. Die technischen Schwierigkeiten der Gezeitenkraftwerke sind die Korrosionsanfälligkeit und Versandung bzw. die Verschlammung. Die Korrosionsanfälligkeit ist im Salzwasser im Gegensatz zu Süßwasseranlagen deutlich ausgeprägter. Sand- und Sedimentablagerungen in den Durchflusskammern im Staudamm bereiten große Probleme.

Zur Verminderung ökologischer Folgeschäden gibt es die Idee, eine nicht linienförmige, kreisförmige Staumauer zu errichten (so genannte „Tidal logoons"). Die runden Dämme sollten in der Flussmündung auf einer künstlichen Insel errichtet werden[14].

Der Bau solcher Anlagen verspricht nur dort ein Erfolg zu werden, wo ein natürlich hoher Tidenhub vorhanden ist. Der wirtschaftliche Erfolg stellt sich erst ein, wenn der Hub bei einem Minimum von 5 Metern liegt. Nach Meinung der Forscher ergeben sich etwa 100 Standorte allein in Europa. Vorsichtigere Prognosen gehen von derselben Anzahl weltweit aus. Damit würde sich dann ein Potenzial von ca. 30.000 MW ergeben.

Die Karte im Bildanhang (Abb.3) zeigt die Standortmöglichkeiten weltweit an. Überall dort wo der Tidenhub mehr als 3 Meter betragen, würde sich eine Errichtung eines Kraftwerkes lohnen.

---

[13] Scheil, Claudia (2002): Mehr Strom durch Meeresströmung. Tec- Magazin Heft 10. Zürich 2002.
[14] Vgl, Lübbert, Daniel (2005): Das Meer als Energiequelle. S. 6

Abbildung 3:

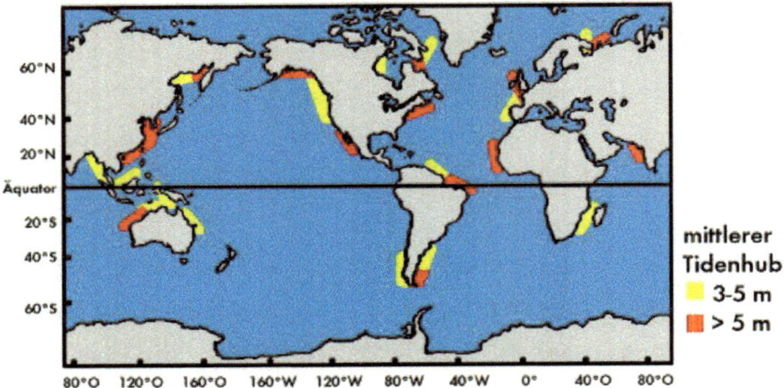

Quelle: http://www.uni-leipzig.de/~grw/lit/texte_100/100_2001/100_2001_hansa.htm

Eine weitere Anlage ist in Kanada in Planung. In der Fundy-Bucht (Südost Kanada) soll ein Kraftwerk für ca. 5000 MW realisiert werden. Gescheitert ist die Planung bisher wegen der hohen Investitionskosten und den Bedenken der ökologischen Folgeschäden, die nicht absehbar sind[15]. Bei Bristol soll eine noch größere Anlage mit einer Leistung von etwa 8000 MW gebaut werden. In der Mündung der Severn soll dann eine 16 km lange Staumauer errichtet werden. Damit könnten dann 7 % des Stromverbrauchs von England und Wales zusammen gedeckt werden[16]. Dieses Projekt ist noch nicht realisiert worden aufgrund der ökonomischen Bedingungen.

In Kanada existiert ein weiters Gezeitenkraftwerk, das Kraftwerk Annapolis, das aber nur eine Bewegungsrichtung bedient, dann zwei Anlagen in China (Ganzhtan und Jiangxia), und eine in Russland (Kislaya an der Barentsee).

Im Vergleich dazu hat Deutschland keinen geeigneten Raum für Gezeitenkraftwerke. Der Tidenhub an Nord- und Ostsee liegt bei max. 2- 3,5 Metern und kann damit nie wirtschaftlich sein kann.

---

[15] Vgl. Graw, K.-U.(2001): Nutzung der Tidenenergie.
[16] Vgl. Lübbert, Daniel (2005): Das Meer als Energiequelle. S. 6

3.2 Wellenkraftwerke

Die Wellen der Ozeane stellen eine schier unerschöpfliche Quelle von Energie bereit.[17] / [18] Man muss diese Kraft nur „ernten". Wellen stellen eine nicht gebundene Form (Zeit und Ort) der Energie dar. Sie setzen eine Leistung von 15- 30 Kilowatt pro Meter Küstelinie frei.

Abbildung 4:

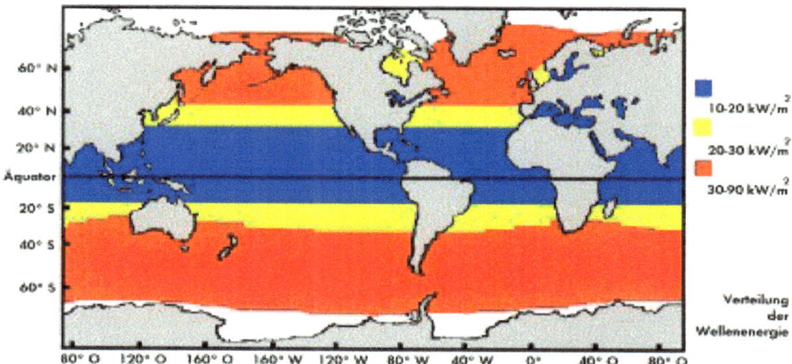

Quelle: Graw, K.-U.; Energienutzung der Meereswellen - technische Ansätze und Realisierungschancen zur Nutzung; 2002; Physik in unserer Zeit, Februar 2002

Damit könnten weltweit etwa 15% des Strombedarfes gedeckt werden[19].
Die folgende Karte zeigt vereinfacht die Verteilung der mittleren Wellenenergie in den Ozeanen. Sie entspricht damit näherungsweise der Verteilung der Windenergie. Sie verdeutlich die Potenziale welche ungenutzt vom Meer geliefert wird. Die zweite Karte zeigt die Wellenenergiedichte an den Küsten der jeweiligen Länder. Die Zahlen stellen damit die möglichen Ausschöpfungspotenziale dar und somit die wirtschaftlich attraktivsten Standorte für die Nutzung von Wellenkraftbewegung.

---

[17] World Energy Council (2001): Survey of Energy Resources 2001 – Wave Energy. London 2001.
[18] Eu Kommission, Generaldirektion Energie und Verkehr (2002): Wave Energy Introduction.
[19] Vgl. Lübbert, Daniel (2005): Das Meer als Energiequelle. S. 7

Abbildung.5:

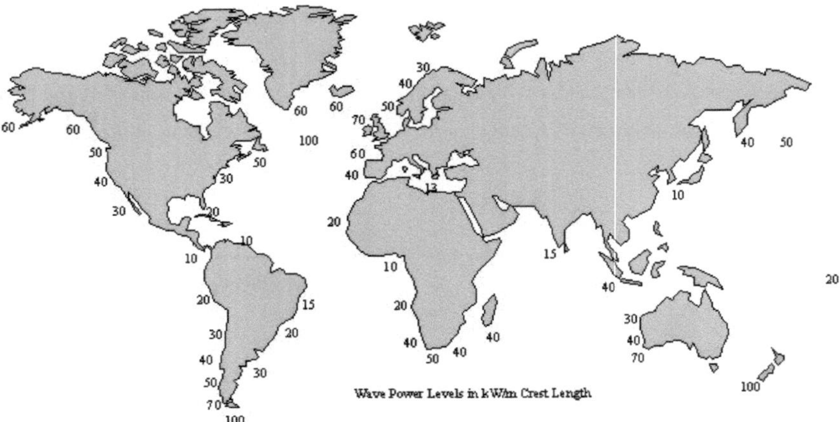

Quelle : http://www.worldenergy.org/wec-geis/publications/reports/ser/wave/wave.asp

Die technische Umsetzung basiert auf verschiedenen Konzepten zur Förderung der Energie. Eine Möglichkeit ist das so genannte OWC (vom englischen Oscillating Water Column). Diese Technik wird in der Wasserbauforschung als Standarttechnologie angesehen. Die Nutzung erfolgt durch das Prinzip, das durch die Wellenbewegung eine oszillierende Wassersäule erzeugt wird und damit einen Generator antreibt. Das OWC besteht aus einer Kammer mit zwei Öffnungen. Die Öffnung, die unterhalb des Wasserspiegels liegt, lässt Wasser einströmen. Das geschieht durch die Wellenbewegung. Durch das Luftpumpenprinzip entsteht eine Wassersäule und lässt den Druck durch die zweite Öffnung entweichen. Der Luftdruckausgleich zur Umgebungsluft treibt dadurch eine Turbine an.

Einige Pilotprojekte existieren seit einigen Jahrzehnten in verschiedenen Teilen der Erde. Besonders Japan und Indien sind auf diesen Gebiet sehr erfolgreich. In Europa finden wir ein interessantes Projekt das Ende 2000 auf der Insel Islay in Schottland installiert wurde. Der LIMPET 500 (Locally Installed Marine Power Energy Transformer) produziert, nach einem kleinen Zwischenfall (ein Sturm zerstörtes wichtige Elemente noch während der Bauphase), in etwa 500 Kilowatt Leistung. Ein sehr ähnliches Projekt auf der Azoreninsel Pico erzeugt 400 kW Leistung. Beide funktionieren gleichzeitig als Wellenbrecher. Das liegt daran, dass die Standorte, die interessant sind dort liegen, wo sehr zerstörerische Wellen auftreten. Somit können sie nicht nur Energie absorbieren, sondern auch aktiv dem Küstenschutz dienen. Größere Kraftwerke sind heute in Planung und sollen in etwa 1,5 MW Leistung pro Einheit erbringen.

<u>3.2.1 Wellenkraftwerksprojekte</u>

Weitere Technologien zur Nutzung von Wellenenergie sind im Ideenstadium oder befinden sich in Pilotprojekten. Einige Entwicklungsprojekte sind z.B. der Wave Dragon, der Archimedes-Waveswing-Wellenenergiewandler (Bojen) und die „Meeresschlange"(PELAMIS -Wellenenergiewandler-Konzeption)[20]. Der von der EU geförderte Wave Dragon[21] gewinnt die Energie dadurch, dass die Wellen eine Rampe hinauf gleiten und dann in einem Becken das Wasser gesammelt wird. Das rückzuführende Meerwasser wird über einen langen Ausläufer geleitet und treibt damit die Turbinen an. Ein Prototyp wurde 2003-2005 in Dänemark betrieben. Ab diesem Jahr soll eine weitere Demonstrationsstudie im Atlantik durchgeführt werden und dort etwa 4-7 MW produzieren. Vorteil gegenüber dem „Wellenbrecher" vor der Küste ist es, dass dieses Konzept auch im offenen Meer funktioniert und nicht an die Küstelage gebunden ist. Damit ist auch schon der Nachteil dieses Projektes angesprochen, denn der Aufwand für Wartung und die Anbindung an das Stromnetz sind sehr viel höher als bei küstennahen Kraftwerken.

Die Waveswing-Wellenenergiewandler sind zylinderförmige Bojen die am Meeresboden verankert sind und sich unter der Wasseroberfläche befinden. Ein äußerer und innerer Zylinder bewegen sich gegenläufig wie eine Luftpumpe und erzeugen so den Strom. Diese Tauchzylinder sollen an der portugiesischen Atlantikküste installiert werden.

Das amüsanteste Objekt, rein vom optischen, ist das PELAMIS[22] (Meerschlange). Dieses Konzept sieht vor, dass sie am Boden des Ozeans verankert wird und auf der Oberfläche schwimmt. Die Schlange ist in mehreren Segmenten unterteilt. Durch die vertikale Wellenbewegung soll Energie erzeugt werden, indem die einzelnen Einheiten sich „fortbewegen" wie eine Schlange. Durch diese gegenläufige Bewegung soll dann Energie erzeugt werden. Diese Variante wurde erfolgreich an der schottischen Westküste in Machir Bay installiert.[23]

Die PELAMIS P1A wurde am 14. März 2006 in Richtung Nordküste Portugals von *Ocean Power Delivery Ltd.* auf die Reise geschickt. Sie soll im Laufe des Jahres fünf Kilometer vor Póvoa de Varzim verankert werden[24]. Es sollen zunächst drei Wellenkraftwerke, mit je einer Leistung von 750kW zur Stromerzeugung errichtet werden. Im Laufe des Jahres sollen dort

---

[20] Graw, K.-U.; Energienutzung der Meereswellen - technische Ansätze und Realisierungschancen zur Nutzung; 2002; Physik in unserer Zeit, Februar 2002
[21] Soerensen, H. C.(2005): The EC Wave Dragon Projekt. Im Internet verfügbar: http://europa.eu.int/comm/research/energy/pdf/wvdr_sites_en.pdf
[22] http://www.oceanpd.com/docs/OPD%20Brochure%202005.pdf
[23] Vgl. Graw, K.-U.; Energienutzung der Meereswellen.
[24] Ocean Power Delivery LTD (OPD): http://www.oceanpd.com/docs/OPD%20ships%20first%20machine%20to%20Portugal.pdf

weitere Schlangen von dem Werksgelände des Unternehmens aus Schottland hingeschleppt werden. Letztendlich sollen dort 28 Meeresschlangen vor Ort Strom produzieren.

Generell haben alle Wellenkraftwerke den Nachteil, dass im laufenden Betrieb es zu Schwankungen in der Stromproduktion kommen wird. Ähnlich der Windkraftanlagen unterliegen diese Konzepte dem Wetter und sind damit schwer kalkulierbar in der Ausbeute von Energie.

3.3 Strömungskraftwerke

Im Unterschied zur Wellenkraft liefert hier nicht die Oberflächenbewegung die Energie sondern die Strömungen im Ozean. Die Kraftwerke wandeln die natürlich auftretende Bewegungsenergie der Massenströme des Meeres in elektrische Leistung um.

Strömungen in den Ozeanen können verschiedene Ursachen haben. Man unterscheidet dabei die Oberflächenströmung und die Tiefenströmung. Die Oberflächenströmung wird hauptsächlich durch Wind in Bewegung (Driftströmung) gesetzt. Eine weitere Form der Strömungsursache sind Druckgefälle bzw. Gradientströme.

Also kann die Strömung einerseits bedingt durch Temperaturunterschiede sein, wie der Golfstrom oder der Humboldtstrom, andererseits kann es zu einem Austausch von Meerwasser kommen. Die starke Verdunstung des Mittelmeeres führt zu einer Strömung in der Straße von Gibraltar, die dass verdunstete Wasser durch neues Atlantik-Wasser ersetzt.

Auch der Wechsel der Gezeiten ist eine mögliche Quelle für Strömungskraftwerke. Im unterschied zu Offshore Anlagen, welche die Energie über weite Strecken an das Festland bringen müssen, können die Gezeitenströmungskraftwerke küstennah aufgebaut werden. Der unterschied zu einem Gezeitenkraftwerk, wie es weiter oben beschrieben worden ist, ist dass die Energie nicht aus der Lageenergie (unterschiedliche Wasserstandshöhen) gespeist wird, sondern durch die Bewegungsenergie (verursacht durch den Wechsel der Gezeiten)[25].

Das Prinzip dieser Strömungskraftwerke ist analog zur den Windrädern, bei der die Luftmassen zur Stromherstellung genutzt werden. Die Prototypen der Turbinen nutzen dabei die vorherrschenden Massenströme der Meere.

Nicht nur das Prinzip ist ähnlich der Windkraft, auch die wesentlichen Komponenten sind vergleichbar mit der populäreren Technologie. Die technische Umsetzung wird mit Hilfe von Rotoren realisiert. Der Rotor wird durch die Wasserbewegung angetrieben und damit ein Generator zur Stromerzeugung.

---

[25] Vgl. Lübbert, Daniel (2005): Das Meer als Energiequelle. S. 10.

Abbildung 6:

Die Abbildung verdeutlicht einmal anschaulich wie der Seaflow[26] funktioniert. Das Gründungbauwerk wird im Meeresboden eingelassen und mit Beton vergossen. Der Stahlturm überragt die Oberfläche. Der Zweck einer Plattform Oberhalt der Wasserfläche ist derer, dass man dort die elektronischen Komponenten und die Überwachung anbringen kann. Der Propeller bewegt sich aufgrund der Wassermassen, die durch die Strömungen angetrieben werden. Diese Anlage ist ein Prototyp und kann noch weiter variiert werden. Sie soll das Prinzip verdeutlichen und zu Studienzielen dienen. Das Grundprinzip soll aber erhalten bleiben. Um mehr Leistung zu erhalten, soll ein ganzer Strömungskraftwerkpark im Meer entstehen.

3.3.1 Projektstudie Seaflow und SeaGen

Die Projektstudie *Seaflow* wurde am 16.03.2003[27] vor der Küste Englands (Distrikt North Devons) realisiert und beendet. Die gewonnen Daten aus der Studie führten zu einer Reihe von Optimierungen. Der Algenwuchs konnte zum Beispiel mit Hilfe einer speziellen Lackierung gehemmt werden oder auch eine Hebeeinrichtung wurde zusätzlich installiert, damit die Wartung des Rotors schneller vollzogen werden kann. Der Prototyp hatte eine Nennleistung von 300kW, wobei eine Einspeisung in das Stromnetz nicht erfolgte.

In einem zweiten Schritt wird im diesem Jahr (2006) eine Pilotanlage für den kommerziellen Markt konzipiert. Die Phase „SeaGen"[28] soll die Nennleistung von 1,2 MW erreichen. Der Prototyp soll eine Leistung von 1,2 MW fördern und dieses wird durch eine Doppelrotorenanlage erreicht. Die Hoffnungen der Projektpartner richten sich darauf, dass dieses Konzept zu einem Anlagenpark im Meer heranreift. Bis 2017 soll der Park eine Stromeinspeisung von 1000 MW erbringen. Die anfänglichen Kosten von 33 Cent/kWh sollen auf 4 Cent/kWh fallen. Damit würden sie aus der Förderung fallen und ökonomischen Ansprüchen gerecht werden. Die Betreiber erwarten durch den technologischen Fortschritt und die Serienherstellung eine enorme Kostenreduzierung der einzelnen Anlagen.

---

[26] http://www.bine.info/templ_meta.php/publikationen/foto_db/342/link=clicked/
[27] Vgl. Lübbert, Daniel (2005): Das Meer als Energiequelle. S. 11.
[28] Vgl. Seaflow- Strom aus Meeresströmung. S. 4.

Die Anforderungen an diese Kraftwerke sind besonders hoch, denn sie müssen aufgrund der Lage enormen Kräften standhalten, die höhere Dichte von Wasser setzt mehr Bewegungsenergie pro Kubikmeter frei, als bei vergleichbarerer Technologie der Windkraft. In der direkten Gegenüberstellung, also gleichgroße Rotoren, erzeugt das Unterwasserkraftwerk mehr Energie als sein Bruder an Land. Allerdings bedeuten die größeren Kräfte auch Probleme für die Verankerung und Bauwerk. Das Gründungsbauwerk muss den starken dynamischen Lasten standhalten. Die mechanischen Bauteile müssen eine höhere Stabilität aufweisen und das Bauwerk darf nicht unterspült werden.[29]

Diese technischen Probleme kann man umgehen, indem man auf das Know-how aus der Entwicklung von Offshore Ölförderplattformen zurückgreift. Weiterhin könnte man die in naher Zukunft ausgedienten Plattformen für diese Art der Energiegewinnung nutzen.

Die Weltmeere bieten mit ihren Strömungen ein gewaltiges Energiepotenzial. Schätzungen variieren von 140 bis 1500 Milliarden Kilowattstunden pro Jahr die weltweit erzeugt werden könnten. Das entspricht der Leistung einiger dutzend bis hundert Kernkraftwerke die durch diese Technologie ersetzt werden könnten. Der große Unterschied in den Schätzungen kommt daher zustande, dass man die Strömungsverhältnisse in 10-20 Meter Tiefe in den Weltmeeren noch nicht zuverlässig erforscht hat. Die Strömungskraftwerke arbeiten genau in dieser Tiefe und benötigen dann aber nur eine gleichmäßige und durchschnittliche Strömungsgeschwindigkeit von 2-3 Metern pro Sekunde (etwa 10km/h)[30].

Die Küsten bieten sich in diesen Fall zur Installation, da eine zu hohe Meerestiefe wieder Probleme bei der Verankerung der Anlage darstellt und zu hohe Kosten verursachen würde.

In Europa hat man circa 100 Standorte identifiziert. Dazu zählen insbesondere die Straße von Messina, die griechischen Inseln, der Ärmelkanal und die Irische See. Standorte in Deutschland gibt es aufgrund der geringen Bewegung der Wassermassen kaum. Nur in Küsten nahen Gebieten könnten Strömungskraftwerke eingesetzt werden, um neben der Stromerzeugung auch aktiven Küstenschutz zu bieten.

Die ästhetische Komponente, die an Land eine Rolle spielt, fällt für diese Anlagen gänzlich weg. Auch die Lärm- und die Visuelle Belästigung, die von Windkraftanlagen ausgehen, sind nicht bzw. nur im geringen Umfang gegeben. Die Auswirkungen auf den Seeboden, Sediment, Wasserqualität, Meeresbewohner, Vögel, Fischerei und Schifffahrt sind aufgrund einer Studie für das Pilotprojekt vor der englischen Küste als unerheblich und unbedeutend eingeschätzt worden. Die Strömungskraftwerke besitzen einen besonderen Charme für die

---

[29] BINE (2004): Seaflow – Strom aus Meeresströmung. S. 3.
[30] Vgl. Lübbert, Daniel (2005): Das Meer als Energiequelle. S.13.

Umweltpolitik, denn neben den Vorteilen, die eben genannt wurden sind auch die Vielzahl an Standortmöglichkeiten und die Zuverlässigkeit als Energielieferant vorteilhaft. Anders als die Wind- oder Wellenkraftwerke wird der Ertrag nur gering durch den Wettereinfluss geschmälert.

Insgesamt sind die technischen Anforderungen alles in allem überschaubar und leicht realisierbar, da nicht nur das Wissen aus dem Einsatz von Windkraftanlagen genutzt werden kann, sondern auch das Know-how aus dem Schiffbau mit einfließen kann.

3.4 Meereswärmekraftwerke

Das OTEC (Meereskraftwerk) gewinnt aus der Temperaturdifferenz zwischen warmen Oberflächenwasser und kälteren Tiefenwasser Energie und erzeugt damit Strom. Die Installation solcher Anlagen macht dort Sinn, wo die Temperaturdifferenz mehr als 19 Grad Celsius beträgt[31].

Die Realisierung erfolgt über eine Wärmekraftmaschine. Eine technische Umsetzung der OTEC Kraftwerke gab es schon seit 1929 in einem Pilotprojekt vor der Küste Kubas. Die Funktionsweise ist denkbar einfach: Man nutzt ein geeignetes Arbeitsmedium wie z.B. Ammoniak (NH_3) und lässt es durch den Kontakt mit wärmeren Wasser verdampfen. Die Ausdehnung des Gases verrichtet dann mechanische Arbeit und erzeugt Strom. Der Ammoniak wird schließlich durch das kältere Wasser wieder in den Ursprungszustand zurückgewandelt, d.h. der Ammoniak kühlt ab und verflüssigt sich. Dieser Zyklus kann beliebig fortgeführt werden und so Arbeit verrichten. Dieses Prinzip ist dem der Dampfmaschine verblüffend ähnlich. Nur ein wichtiger Unterschied ist, dass man eine Flüssigkeit nutzen muss, die bei niedrigen Temperaturen sieden kann und damit in einem Gaszustand übergeht. Ein weiteres ideales chemisches Element wäre Kohlenmonoxid (CO). Der Umweltaspekt mit dem Umgang dieser Stoffe macht das gesamte Unterfangen aber eher problematisch.

Der Wirkungsgrad der Wärmekraftmaschine liegt umso höher, je größer der Temperaturunterschied zwischen der oberen und unteren Wasserschicht ist. Bei einem Temperaturunterschied von 20 Grad Celsius liegt der Wirkungsgrad bei gerade 3 %[32]. Hiervon muss man noch den Strom abziehen, der benötigt wird, um das kühle Wasser nach oben zu pumpen. Die Wirtschaftlichkeit kann sich nur einstellen, wenn ein Kraftwerk so groß

---

[31] World Energy Council (2001): Survey of Energy Resources 2001 – Ocean Thermal Energy Conversion. London 2001.
[32] Vgl. Lübbert, Daniel (2005): Das Meer als Energiequelle. S.15.

dimensioniert wird, dass große Durchflussmengen erzeugt werden, um so eine nennenswerte Leistung zu erzielen. Es gibt drei denkbare Funktionsweisen: Der geschlossene, offene und der hybrid Kreislauf, wobei der geschlossene Kreislauf dem bereits Realisiertem entspricht. Das Dampfmaschinen Prinzip, wie oben erläutert, ist die einzige Anlagenform die umgesetzt wurde. Beide anderen Formen, also der offene und der hybrid Kreislauf, sind nur in Laboren erdacht und umgesetzt wurden, so dass hier auch nur die geschlossene Form erläutert wird.

Wie bereits erwähnt gab es schon ein Meereswärmekraftwerk in den 20er Jahren des letzten Jahrhunderts. Der Kubanische Versuch, die thermische Energie der Weltmeere zu nutzen, blieb aber ohne Erfolg. Die USA hat in den 70er Jahren des 20. Jahrhunderts erhebliche Mengen an Fördermitteln bereitgestellt, um das Wirkungsprinzip zu erforschen und zu optimieren. Auf Hawaii wurde eine Pilotanlage 1979 in Betrieb gestellt, die 50 Kilowatt Leistung produzierte. Diese hatte den entscheidenden Nachteil, dass die Pumpen, die zur Energiegewinnung benötigt wurden 40 Kilowatt verzehrten. Zwei Jahre nach diesem erfolglosen Betrieb wurde die Leistung verdoppelt, also auf 100 kW erhöht, und dabei wurde wiederum 90 kW für die Pumpen benötigt. Der letzte Versuch wurde von 1993 bis 1998 gestartet. Das OTEC erreichte eine Kapazität von 210- 250 kW wobei dort auch wieder etwa 200 kW für die Pumpenleistung benötigt wurden. Alles in allem kann man sagen, dass die Netto- Ertragsrate sehr gering ist und sich nicht rentiert[33].

Meereswärmekraftwerke können sowohl an Land als auch auf See gebaut werden. An Land haben solche Anlagen wieder die gewohnten Vorteile (schnelle Anbindung an das Stromnetz, geringerer Wartungsaufwand, etc.). Der Standort an Land muss allerdings auch große Tiefen beherbergen, um diese Anlagen nutzen zu können. Dieses ist nur an exponierten Stellen der Erde möglich. Zu nennen wären Standorte in der Karibik, Ost- und West- Afrika, Ozeanien und vor den Inseln Indonesiens. Diese beschränkte Einsatzmöglichkeit können nur durch aufwendige und kostenintensive Standorte auf hoher See vermieden werden. Das Problem mit der Netzanbindung müsste dann mit Hilfe von Wasserstoff, als Energieträger, beseitigt werden, um so den Abtransport der elektrischen Energie zu gewährleisten.

Geeignete Standorte im Ozean findet man vor allem um den Äquator. Diese Technik ist also kaum für den europäischen Kontinent geeignet, um die Energiesorgen der einzelnen europäischen Länder zu lösen.

---

[33] Natural Energy Laboratory of Hawaii: Offizielle Page des Institutes: http://www.nelha.org/about/history.html

3.5 Osmose- Kraftwerke

Die Osmose ist den meisten aus dem Pflanzen und Tierreich geläufig. Im medizinischen Bereich wird sie angewendet in der Dialyse oder im industriellen Sektor in der Herstellung von alkoholfreiem Bier. Aus der Stromerzeugung ist der Begriff der Osmose weitestgehend unbekannt. Das liegt daran, dass die junge Disziplin der Osmose Kraftwerke erst 1973 von den israelitischen Forschern erdacht wurden. Die Erforschung der osmotischen Kraftgewinnung begann in den 70er Jahren, wobei man zu der Zeit noch gar nicht in der Lage war, die technischen Ausstattungen für die Gewinnung von elektrischer Energie aus Osmose zu produzieren. Erst in den 90er Jahren wurde man in der Lage versetzt, das technische Wissen in den Anlagenbau umzusetzen.

Das Grundprinzip entspricht der Umkehrung eine Meerwasserentsalzungsanlage. Die Anforderungen an einer Entsalzungsanlage ist aus Meerwasser Trinkwasser zu gewinnen. Dieses kostet viel Energie. Kehrt man den Prozess um, erzeugt man Energie.

Um also aus Osmose Energie zu gewinnen, muss man die unterschiedlichen Salzkonzentrationen zwischen Süßwasser und Salzwasser nutzen.[34] Die Energiegewinnung beruht auf, den unterschiedlichen Konzentrationen, die durch eine semipermeable (halbdurchlässige) Membran in Kontakt gebracht werden. Diese Membran lässt nur das Wasser und nicht die gelösten Salze hindurch. Ein Druckausgleich kann nur dadurch erreicht werden, wenn das Wasser von der niedrigeren in die höheren konzentrierten Lösung übertritt.

Für das Verständnis, da dieser Prozess nicht ganz so geläufig ist, hier noch eine Definition aus einem Lexikon der Physik:

Behindert man die Durchmischung von Lösung und Lösungsmittel mit Hilfe einer halbdurchlässigen Trennwand, so entsteht in dem Raum ein Überdruck (osmotischer Druck), weil die Wand nur für die Molekühle des Lösungsmittels durchlässig ist. Die Tendenz des Konzentrationsausgleichs bewirkt eine einseitige Diffusion (eine selbsttätige Vermischung der Molekühle als Folge der Molekühle ihrer thermischen Bewegung) Lösungsmittels.

aus: Uchling, Horst: Taschenbuch der Physik, 17. Auflage, München 2004.

Das Süßwasser fließt in das Becken, welches mit Meerwasser gefüllt ist. Die Verdünnung erhöht den Druck auf der Seite des Beckens mit Salzwasser (aufgrund der Fließtendenz des

---

[34] GKSS Forschungszentrum Geesthacht (2005): Osmose-Kraftwerk- Erneuerbare Energien auf dem Vormarsch. In: Mitarbeitermagazin „Unter uns". Verfügbar unter: http://www.gkss.de/templates/images_d/portal/uuapril05.pdf

Süßwassers). Der Druck des Mischwassers treibt eine Turbine an und produziert Strom. Es wird ein Druck von 27 bar erreicht. Der Energiegehalt entspricht einer Wasserfallhöhe von 270 Metern im Idealfall. Praktisch wird eine Fallhöhe von 120 Metern[35] erreicht.

Die Umweltfreundlichkeit und die Unerschöpflichkeit sind ein klarer Vorteil. Standorte können überall dort angelegt werden, wo unterschiedliche Salzgehalte vorliegen. Denkbar wären Flussmündungen oder gar salzhaltige Abwässer aus Industrieanlagen und Bergbau (insbesondere der Salzabbau). Weiterhin denkbar wären auch Standorte, die nur einen geringen Unterschied des Salzgehaltes vorweisen.

Die relativ einfache Technologie und der weltweite Einsatz macht das Osmose Kraftwerk zukunftsfähig. Nach einer Unternehmensstudie von Statkraft aus Norwegen liegt das Potenzial in Europa bei 200 Milliarden Kilowatt pro Jahr.[36] Insbesondere der Mittelmeerraum bietet gute Vorraussetzungen für Osmose Kraftwerke. Da die Energieausbeute größer ist, als an Nord oder Ostsee, aufgrund der wesentlich höheren Salzkonzentrationen.

Dennoch gilt die Energie aus Osmose als eine unerschöpfliche und ungenutzte Quelle. Die Gefahren, die diese praktische Umsetzung birgt, sind nur schwer abschätzbar. Der wirtschaftliche Risikofaktor (Investitionskosten, Rentabilität etc.), die technische Schwierigkeiten (Lebensdauer der Membranen, Empfindlichkeit gegenüber Sedimentablagerungen/ Algenwuchs) und die Auswirkungen auf die Umwelt (Auswirkungen auf Pflanzen und Tieren) sind nur einige schwer kalkulierbare Faktoren.

Im Vergleich zu anderen Energiequellen ist die Energie aus Osmose einer der Formen mit dem höchsten Potenzial. Das liegt einerseits daran, dass Osmose eine enorme Kraftausbeute bietet. Anderseits ist die Technologie noch völlig unerschlossen. Man muss mit einer Einschätzung vorsichtig sein, da man die Schwierigkeiten und die Auswirkungen auf die Umwelt noch nicht kennt. Passenden Antworten auf die Fragen der Gegenwart bezüglich der Osmosekraft werden erst in der Zukunft beantwortet werden können.

---

[35] Vgl. Lübbert, Daniel (2005): Das Meer als Energiequelle. S.17.
[36] http://www.statkraft.no/Images/BM_first_pot_renew_energy_tcm3-1696.pdf

4 Resümee

Die Weltmeere bieten ein gewaltiges Potenzial an verschiedenen Energieformen. Die Nutzung dieser Quelle steckt mitten in den Kinderschuhen und bedarf noch einiger Zeit für die Entwicklungs- und Forschungsphase.

Die Energieeinspeisung erfolgt durch die Erdrotation und Sonneneinstrahlung, so dass man die Energiegewinnung als quasi unerschöpflich bezeichnen kann. Meeresenergie könnte einer der Hauptsäulen der Energieversorgung der Zukunft sein. In vielen Ländern der Erde lässt sich zumindest ein größerer Teil des Energiebedarfs aus dem Meer akquirieren. Die Kombination aus mechanischer, thermischer und osmotischer Energie hält für einen Grossteil der Erde ein Reservoir, der immer größeren Bedarfs an Energie, bereit.

Die treibhausfreie Nutzung, zumindest nach der Installation der Kraftwerke, spielt für die internationalen Vereinbarungen eine immense Rolle. Der Zeitdruck der auf der Menschheit liegt, aufgrund der Endlichkeit des Rohstoffes Erdöl, wird immer erdrückender. Auch der Energiebedarf von China oder Indien wächst überproportional und stellt ein großes Problem dar. Die Lösung kann in der Energieschöpfung aus dem Meer liegen. Wir sind aber noch nicht in der Lage Kraftwerke, mit Ausnahme der Gezeitenkraftwerke, in kommerzieller Größe zu errichten. Wobei das Defizit der Gezeitenkraftwerke in den mangelnden Standorten auf der Welt liegt.

Deutlich erkennbar ist, dass die Phase der Demonstrations- und Forschungsanlagen noch ganz am Anfang steht. Es sind viele offene Fragen, die geklärt werden müssen. Während die Gezeiten- und Strömungskraftwerke prinzipiellen Schwankungen durch Mondphasen und Wetter unterliegen, können die Osmose und OTEC Kraftwerke konstanten Strom produzieren und so einen wesentlichen, nutzbaren Anteil am Gesamtenergiebedarf beitragen. Aber auch hier ist die Grundlagenforschung noch nicht abgeschlossen, so dass es noch einige Zeit in Anspruch nehmen wird, um in die Lage versetzt zu werden, diese Form der Energie zu gewinnen.

Ein weiters Defizit zur Nutzung ist, das Strom zeitnah eingesetzt werden muss, aufgrund der derzeitigen Unfähigkeit der Speicherung. Erst wenn dieses Problem gelöst wird, könnten konventionelle Kraftwerke vollends ersetzt werden.

Die Erforschung der Weltmeere führt zu einer Erschließung eines der größten Energievorkommen der Erde.

Der Umweltaspekt wird durch die zwangsläufige Erforschung und damit verbunden Verständnisses über die Meere vorangetrieben. Der Schutz der Weltmeere könnte mit dem gewonnen Wissen verbessert werden. Die Umwelt kann dadurch doppelt profitieren, einmal durch die Entlastung der Umwelt durch den Wegfall konventioneller Kraftwerke (der CO_2 Haushalt könnte gesenkt werden) und andererseits könnte durch das erarbeitete Wissen dem Schutz der Ozeane zu gute kommen.

Geopolitische Interessenkonflikte könnten aufgrund des erhöhten Bedarfs an Energie entschärft werden. Damit könnten auch Kriege wegen Rohöl vermieden werden. Das hat den Effekt, dass die Preise für Energie in der Zukunft fallen bzw. konstant bleiben können.

Der Ausbau und die Weiterentwicklung der Meereskraftwerke ist für die Zukunft ein wichtiges Standbein, das forciert werden sollte, um dem eventuellen bevorstehenden Klimawechsel zu entschärfen und Kriege zu vermeiden.

5 Quellen- und Literaturliste

BINE Informationsdienst, Fachinformationszentrum Karlsruhe: Wasserkraft. Eggenstein-Leopoldshafen 2004.

BINE Informationsdienst: Seaflow – Strom aus Meeresströmung. Eggenstein-Leopoldshafen 2004.

Dena [Deutsche Energie Agentur GmbH] Die Deutsche Wasserkraftindustrie. Berlin 2005. Verfügbar im Internet unter: http://www.renewables-made-in-germany.com/ index.cfm?cid= 1525 (Stand 09.03.06)

Geo Magazin: China: Die Zähmung des "Langen Flusses". Ausgabe 06/2003. Hamburg 2003.

GKSS Forschungszentrum Geesthacht (2005): Osmose-Kraftwerk- Erneuerbare Energien auf dem Vormarsch. In: Mitarbeitermagazin „Unter uns". Verfügbar unter: http://www.gkss.de/templates/images_d/portal/uuapril05.pdf

Graw, K.-U.: Nutzung der Tidenenergie – Eine kurze Einführung. Wasserbau · Wasserwirtschaft: Materialien No. 2, Professur Grundbau und Wasserbau. Universität Leipzig. 2001.

Graw, Kai-Uwe: Tideenergie; Hansa - International Maritime Journal, Hamburg 2001.

Graw, K.-U.; Energienutzung der Meereswellen - technische Ansätze und Realisierungschancen zur Nutzung; 2002; Physik in unserer Zeit, Februar 2002. Verfügbar im Internet unter: http://www.uni-leipzig.de/~grw/lit/texte_100/114_2002/114_2001_weum.htm (Stand 28.03.06)

Gutowski, Achim :Der Drei-Schluchten-Staudamm in der VR China – Hintergründe, Kosten-Nutzen-Analyse und Durchführbarkeitsstudie eines grossen Projektes unter Berücksichtigung der Entwicklungszusammenarbeit, Institut für Weltwirtschaft und Internationales Management (Hrsg.), Materialien des Universitätsschwerpunktes "Internationale Wirtschaftsbeziehungen und Internationales Management", Bd. 19, Bremen, März 2000.

Lübbert, Daniel: Das Meer als Energiequelle – Wellenkraftwerke, Osmose-Kraftwerke und weitere Perspektiven der Energiegewinnung aus dem Meer. Wissenschaftlicher Dienst des Deutschen Bundestages. Berlin 2005.

Marum - Zentrum für Marine Umweltwissenschaften der Universität Bremen. In Public Relation: Das Blaue Telefon. Im Internet verfügbar: http://www.rcom.marum.de/Von_Gakkelruecken_bis_Guanotoelpel.html [Stand 26.03.2006]

Natural Energy Laboratory of Hawaii: Offizielle Page des Institutes: http://www.nelha.org/about/history.html (Stand 03.04.2006)

Pressemitteilungen und Auskünfte des Konsortiums: Ocean Power Delivery LTD (OPD)

http://www.oceanpd.com/docs/OPD%20Brochure%202005.pdf
http://www.oceanpd.com/docs/OPD%20ships%20first%20machine%20to%20Portugal.pdf
(Stand 29.03.2006)

Smith, Diana (1989): The Tide Mill at Eling – History of a working mill. Southampton 1989

Soerensen, H. C. (2005): The EC Wave Dragon Projekt. Im Internet verfügbar:
http://europa.eu.int/comm/research/energy/pdf/wvdr_sites_en.pdf (Stand 28.03.2006)

Statkraft Norwegen. PowerPoint Vortrag (2004):
http://www.statkraft.no/Images/BM_first_pot_renew_energy_tcm3-1696.pdf

U.S. Department of Energy: Ocean Tidal Power
http://www.eere.energy.gov/consumer/renewable_energy/ocean/index.cfm/mytopic=50008

http://de.wikipedia.org/wiki/Bild:Gezeitenkraftwerk.png

World Energy Council (2001): Survey of Energy Resources 2001 – Wave Energy.
Verfügbar im Internet unter:
http://www.worldenergy.org/wec-geis/publications/reports/ser/wave/wave.asp

World Energy Council (2001): Survey of Energy Resources 2001 – Ocean Thermal Energy

Conversion. Verfügbar im Internet:

http://www.worldenergy.org/wec-geis/publications/reports/ser/ocean/ocean.asp (Stand

03.04.2006)

World Energy Council (2001): Survey of Energy Resources 2001 – Tidal Energy.

Im Internet verfügbar unter: http://www.worldenergy.org/wec-

geis/publications/reports/ser/tide/tide.asp (Stand 03.04.2006)